阪急
2021

－車両アルバム.46－

昭和35年から製造された2000系シリーズだが、電車線電圧600Vであった神戸・宝塚線の1500V昇圧が決定し、2000・2100系の製造は中止されて、昭和38年に1500V昇圧に対応した2021系に移行し、神戸・宝塚両線にデビューした。

性能的には2000系と同様の電力回生ブレーキ・定速度制御を維持し、番号も続番とされたが、1500V昇圧時に簡単に切換できるように設計変更され、実質的に別形式であることから2021系と呼ばれている。

なお電車線昇圧前に京都線で実施した1500Vでの試運転の結果、若干の改造が必要なことが判り、即日の切り替えは断念して、一旦工場に入場して1500V専用改造を受けている。しかしその後も複雑な構造から保守面で手間がかかることや、長編成化にT車が必要となってきたこともあり、2021系は電装を解除して順次他系列の増結用となってゆく。編成として残った車両は宝塚線に集結後、昭和54年に2021系としての運用を終了した。

その後、能勢電鉄に譲渡された1両を除き他系列のT車として冷房改造を受け、系列呼称も2071系に変更された。編入系列は2000系～5200系と幅広く、晩年は1両毎に細部の仕様が異なっていたが、平成26年までに廃車となっている。

本書は不遇の生涯を送った2021系の誕生から現在までの物語である。

2026他6連。西宮北口～武庫之荘　昭和39/1964-12-4　髙橋正雄

阪急 2021　目次

表紙
2077他8連。梅田　昭和52/1977-8　髙間恒雄

裏表紙
2100系と並ぶ2030他の急行。梅田　昭和54/1979-3-8　髙間恒雄

2000系を1500V昇圧切替に対応できる車両として設計変更されたのが2021系。神戸線の他、宝塚線にも投入された。2038-2088-2037-2087。
西宮車庫　昭和38/1963-10-7　篠原　丞

2021系登場

2074。西宮車庫　昭和40/1965-1-22　磯田和人

2026。当初から6連運転を前提としていた2021系では2100系同様に神戸・宝塚側Mc前面車体側に電らん箱を取付。
西宮車庫　昭和38/1963-10-7　山口益生

2039。当初から宝塚線にも配置された2021系。神戸線配置車と異なり、ミンデンドイツ式FS345・45台車に軸ばねのダンパーは付けられていない。
梅田～中津　昭和39/1964-7-24　久保田正一

2026他6連。十三～中津　昭和39/1964-3　奥野利夫

2026-2076-2025-2075-2024-2074。西宮北口～武庫之荘　昭和38/1963-8　山口益生

2074-2024-2075-2025-2076-2026。園田～神崎川　昭和39/1964-3-7　篠原　丞

2次車は2連2本が製造された。2090-2040の新造試運転。中津　昭和39/1964-5-31　久保田正一

2023他6連。梅田～中津　髙橋正雄

2041他6連特急。阪急ブレーブスのナイター用標識を掲出。西宮北口　昭和39/1964-8-1　髙橋正雄

2040他6連急行。阪急ブレーブスのナイター用標識を掲出。西宮北口　昭和39/1964-8-1　髙橋正雄

2071。十三　昭和41/1966-11-18　阿部一紀

2026他6連。昭和41/1966-5-13　髙橋正雄

2071他6連。武庫之荘～西宮北口　昭和39/1964-3-7　篠原　丞

2026他6連の臨時急行。夙川　昭和39/1964-4-28　髙田　寛

2081。梅田　昭和39/1964-3　森井清利

2074他6連。梅田　昭和42/1967-8頃　奥野利夫

2036。エコノミカル(軸はり)式台車を使用する車両は宝塚線で運用。中津～梅田　昭和39/1964-3　今井啓輔

2081他6連。岡町～曽根　昭和39/1964-4-5　山口益生

2028他4連。西宮工場　昭和39/1964-4　森井清利

2039他6連。FS345台車にはこの頃に端梁を設けている。池田車庫　昭和42/1966年頃　森井清利

2039-2089+2088-2038+2087-2037。宝塚～清荒神　昭和41/1966-5-5　篠原　丞

2036他の急行。髙田　寛

2041他6連。手前の線路は阪神北大阪線。中津　昭和40/1965-6　森井清利

神戸線での活躍

北野跨線橋切換工事中の区間を行く2079他特急。梅田　昭和39/1964-11-28　久保田正一

2041。中津　昭和40/1965-7-20　森井清利

2026。西宮北口　昭和41/1966-1　久保田正一

2077他6連(2077-2027-2078-2028+2090-2040)。神戸～春日野道　昭和42/1967年頃　奥野利夫

2040他6連。神戸～春日野道　昭和42/1967年頃　奥野利夫

西宮北口～夙川間の高架化工事中の区間を行く2023-2072-2022-2072-2021-2071。西宮北口～夙川　昭和40/1965-8-15　篠原　丞

2041-2091+2028-2078-2027-2077。夙川～西宮北口　昭和40/1965-8-9　篠原　丞

2071。岡本～御影　昭和44/1969-9-21　直山明徳

昭和42年10月8日に神戸線の電車線電圧1500V昇圧が無事行われた。2026他急行。夙川～芦屋川　昭和43/1968-7　磯田和人

昭和43年4月7日の神戸高速鉄道開通により、2021系も山陽電鉄の須磨浦公園までの乗り入れを開始した。2074他6連の須磨浦公園行き特急。日本シリーズ第3戦開催での看板を掲出。
西宮北口　昭和43/1968-10-16
髙橋正雄

2071。梅田駅神戸線ホームが新駅に移った(現在の宝塚線ホーム)。昭和44/1969-6-22　久保田正一

2024他急行。西宮球場でのオールスターゲーム開催の看板を掲出。夙川～芦屋川　昭和43/1968-7　磯田和人

山陽電鉄線に乗り入れた2021系特急(2087-2037-2088-2038+2089-2039)。須磨浦公園　昭和45/1970-8-9　篠原　丞

2039他6連の須磨浦公園行き特急。2021系McはATS車上子を正面連結器下に設置。武庫之荘～西宮北口　昭和45/1970-6-28　澤田節夫

須磨浦公園発西宮北口行きの臨時普通列車。三宮　昭和45/1970-8-9　篠原　丞

2026。芦屋川～夙川　昭和45/1970-8-6　太田裕二

今津線に入線した2021系(2090-2040+2091-2041)。宝塚〜宝塚南口　昭和44/1969-9　髙橋正雄

今津線運用

2090。宝塚南口　昭和44/1969-9　髙橋正雄

2090-2040+2091-2041。宝塚～宝塚南口　昭和44/1969-7-6　篠原　丞

2074他6連。西宮北口～武庫之荘　昭和44/1969-2-1　太田裕二

2040(日本シリーズ開催での看板を掲出)。西宮北口　昭和44/1969年　磯田和人

昭和43年12月16日から神戸線特急・急行の8連運転が開始。8連の特急(日本シリーズ開催の看板を掲出)。2074-2024-2075-2025-2076-2026+2091-2041。梅田　昭和44/1969-10-26　篠原　丞

2071他8連(2071-2021-2072-2022-2073-2023+2090-2040)。日本シリーズ開催の看板掲出の上り特急。昭和46年以降、神戸線の2021系は中間車を他系に編入し、残った先頭車で編成を組んで宝塚線に転属し、神戸線からは姿を消した。西宮北口　昭和44/1969年　髙橋正雄

宝塚線2021系は一時期、1編成が7連となっていた。2030を暫定Tとした3M4T編成。2028-2078-2027-2077+2030-2029-2079。
雲雀丘花屋敷～川西能勢口　昭和44/1969-3-2　髙橋正雄

2029と隣接する2030の大阪側パンタグラフを下げて運用。雲雀丘花屋敷～川西能勢口　昭和44/1969-3-2　篠原　丞

2079他7連(2079-2029-2030+2077-2027-2078-2028)。 蛍池～豊中　昭和44/1969-4-2　澤田節夫

2081他6連。宝塚～清荒神　昭和44/1969-2-9　直山明徳

2036他6連。昭和44年8月24日宝塚線の昇圧が行われた。この頃から列車無線の取付が開始され、屋根にアンテナが設けられた。昭和44年11月30日に梅田駅宝塚線ホームを新駅に移設する直前の様子。中津～梅田　昭和44/1969-10-6　澤田節夫

昭和44年11月30日の梅田駅宝塚線ホーム移設完成により宝塚線池田折り返しと準急の8連運転が開始となり、宝塚線の2021系はこの時点で8連3本を組成していたが、宝塚寄り2両を切り離した6連での臨時急行。2032-2090+2040-2082-2031-2081。
川西能勢口～雲雀丘花屋敷　昭和45/1970-1-4　髙橋正雄

宝塚線からの万国博西口行きEXPO直通6連(2081-2031-2082-2040+2090-2032)。宝塚線からは平日・休日とも1列車が運転された。
山本～雲雀丘花屋敷
昭和45/1970-9-13(万国博最終日)
髙橋正雄

EXPO直通6連。山本～雲雀丘花屋敷
昭和45/1970-9-13(万国博最終日)
篠原　丞

EXPO直通6連。十三(京都線)
昭和45/1970-9-13(万国博最終日)
髙橋正雄

2033-2083。昭和45年3月から半年に亘って開催された万博輸送では、神戸・宝塚線から3～5編成の7連(1010・1100・3100系など)がEXPO準急用(梅田/動物園前～北千里間で運転)として京都線に貸し出されていた。このため宝塚線でも車両が不足気味であったため、8連を6連と2連に分割し、6連は宝塚線からのEXPO直通に使用、残る2連を箕面線で使用することもあった。桜井　昭和45/1970-6-10　澤田節夫

2083-2033。石橋　昭和45/1970-6-10　澤田節夫

2084他8連。十三　昭和46/1971-10-8　阿部一紀

2030。十三　昭和48/1973-1-1　直山明徳

2036他8連。十三　昭和47/1972-7-16　中井良彦

離合する2021系。2087他・2081他8連。宝塚～清荒神　昭和50/1975-1　吉里浩一

2030他8連。山本～雲雀丘花屋敷　昭和47/1972-11-18　直山明徳

2039他臨時特急。雲雀丘花屋敷～山本　昭和48/1973-5-3　篠原　丞

宝塚線の臨時特急

2030他臨時特急。宝塚～清荒神　昭和49/1974年　吉里浩一

2033他臨時特急。この頃の宝塚線列車には宝塚ファミリーランドの催し物を宣伝する看板を付けることがよくあった。
雲雀丘花屋敷～山本　昭和48/1973-5-3　篠原　丞

2084他臨時特急。山本～雲雀丘花屋敷　昭和51/1976-4-29　篠原　丞

2077他正月の臨時特急。山本～雲雀丘花屋敷　昭和51/1976-1-3　篠原　丞

2077他正月の臨時特急。この頃、パンタグラフの集電舟が軽量形に改造されている。梅田　昭和51/1976-1-3　篠原　丞

2087-2038+2071-2023+2074-2026+2089-2039。中山～山本　昭和52/1977-1-3　篠原　丞

神崎川を渡る準急池田行(2087-2038+2071-2023+2074-2026+2089-2039)。三国～庄内　昭和52/1977-4-23　篠原　丞

秋の臨時準急運転時、これに備えて普段は日中留置のなかった豊中～岡町間の留置線で出発の準備中。

臨時準急運用のため、箕面に向け出発する回送。

箕面線直通の臨時準急

臨時準急運用の2077他8連。豊中～岡町

臨時準急運用の2030他8連。豊中～岡町

臨時準急運用を終えての回送列車。
豊中～蛍池

2033他8連。2033の前面床下の電気連結器受は未改造。
豊中～蛍池　昭和51/1976-7-16
髙間恒雄

2084。蛍池～豊中
昭和51/1976年　髙間恒雄

2039他8連。十三
昭和52/1977年頃　髙間恒雄

2033他8連。豊中～蛍池　昭和51/1976年　田中政広

2030。豊中　昭和53/1978-11　髙間恒雄

2023。以前より中間車が他系列増結用に編入されていた2021系は昭和51年時点では8連4本が宝塚線で運用されていた。昭和52年には2編成16両が編成を分解、冷房改造・先頭車の中間車化などの改造で、3000・3100・5000に編入されて、2021系は2編成が宝塚線に残るのみとなった。写真の2023は列車無線装置などを設備していない実質中間車扱いだった車両。
正雀車庫　昭和53/1978-6　髙間恒雄

2077他8連。豊中～蛍池　昭和52/1977-3　髙間恒雄

2033。石橋　昭和49/1974-11-23　直山明徳

箕面線運用に入った4連(2079-2029-2080-2030)。石橋～桜井　昭和50/1975-11-9　篠原　丞

最後に残った8連はオール先頭車で組成(2077-2028+2090-2040+2091-2041+2079-2030)。川西能勢口～池田　昭和55/1980-1　澤田節夫

箕面行き準急運用の2077他8連。梅田　昭和54/1979-3-8　髙間恒雄

2030他4連(2030-2079+2028-2077)。2021系で最後に残った8連は4両が冷房化のため昭和54年3月に入場して4連となって箕面線用となった。この編成も6月末に冷房化のため入場し、編成としての2021系は消滅する。石橋～桜井　昭和54/1979-5-12　篠原　丞

2077他4連。石橋　昭和54/1979-5-4　篠原　丞

2030。石橋　昭和54/1979-4-14　髙間恒雄

2030他4連。石橋～桜井　昭和54/1979-5-12　篠原　丞

2077他4連。石橋～桜井　昭和54/1979-5-12　篠原　丞

2033-2083+2032-2090-+2040-2082-2031-2081。平井車庫　昭和47/1972-11-18　直山明徳

2036-2086+2035-2091+2041-2085-2034-2084。平井車庫　昭和47/1972-10-9　直山明徳

2036(山側)。平井車庫　昭和47/1972-11-18　直山明徳

2036-2086+2035-2091+2041-2085-2034-2084。平井車庫　昭和47/1972-11-18　直山明徳

2039-2089+2026-2074+2023-2071+2038-2087。平井車庫　昭和47/1972-11-18　直山明徳

2077-2027-2078-2028。正雀車庫　昭和47/1972-4-14　高橋正雄

2081-2031-2082-2032。正雀車庫　昭和44/1969-10-30　篠原　丞

2077。台車FS45。平井車庫　昭和54/1979-3-21　篠原　丞

形態のバラエティー

2081。台車KS-72B。十三　昭和46/1971-3-27　阿部一紀

2073。台車FS45。園田留置線　昭和41/1966-5-8　阿部一紀

2082。台車KS-72B。十三
昭和46/1971-3-27
阿部一紀

2036。台車KS-72A。平井車庫　昭和47/1972-10-9　直山明徳

2039。台車FS345。平井車庫　昭和47/1972-11-18　直山明徳

2021。神戸線用だが、FS345台車の軸ばねが試作エリゴばね化され軸ばねのダンパーが外されている。園田留置線　昭和41/1966-5-8　阿部一紀

2027。台車FS345。正雀車庫　昭和51/1976-11-29　篠原　丞

2031。台車KS-72A。
十三
昭和46/1971-3-27
阿部一紀

2029。台車FS345。
正雀車庫
昭和44/1969-9-12
篠原　丞

2037。台車 FS345。池田車庫　昭和 39/1964-11-24　森井清利

2077(Tc)。台車FS45。

2028(Mc)。台車FS345。

2090(Tc)。台車FS45。

2040(Mc)。台車FS345。

2091(Tc)。台車FS45。

2041(Mc)。台車FS345。

2079(Tc)。台車FS45。

2030(Mc)。台車FS345。
十三　昭和53/1978-6
髙間恒雄

2030-2079+2041-2091。正雀車庫　昭和51/1976-11-20　篠原　丞

2091-2041+2079-2030。正雀車庫　昭和51/1976-11-20　篠原　丞

屋根上機器

2021形(Mc)屋上機器配置。所蔵：国立公文書館

2021系の屋根(2040)。昭和41/1966-5-23　磯田和人

昭和40/1965-1-24　磯田和人

昭和41/1966-5-23　磯田和人

先頭側のパンタグラフ部。昭和51/1976年頃　髙間恒雄

連結面側のパンタグラフ部(2028)。昭和51/1976年頃　髙間恒雄

2023。昭和53/1978-6　髙間恒雄

2028。昭和54/1979-8-10　髙間恒雄

屋根上機器(電装解除車)

暫定T車の屋根(2024)。早くに電装解除された車両の屋根には機器類が多く残る。髙間恒雄

暫定T車の大阪側連結面。昭和54/1979-6-16　髙間恒雄

暫定T車の屋根(2027)。昭和52年に電装解除された車両の屋根からは機器類は撤去された。昭和53/1978-9　髙間恒雄

暫定T車の屋根。髙間恒雄

2089(神戸・宝塚方妻面)。
昭和53/1978年　髙間恒雄

暫定T車の屋根(2030)。昭和57/1982-7-7　髙間恒雄

暫定T車の屋根(2028)。昭和55年に電装解除された車両の屋根には機器類が多く残る。昭和55/1980-3-30　髙間恒雄(2点共)

床下機器

2074(Tc)。2000系と異なり、蓄電池はTc・Tに取り付け。

2075(T)。

2024(M)。

Mc(2032・2033・2035・2036)

Tc(2081・2083・2084・2086)

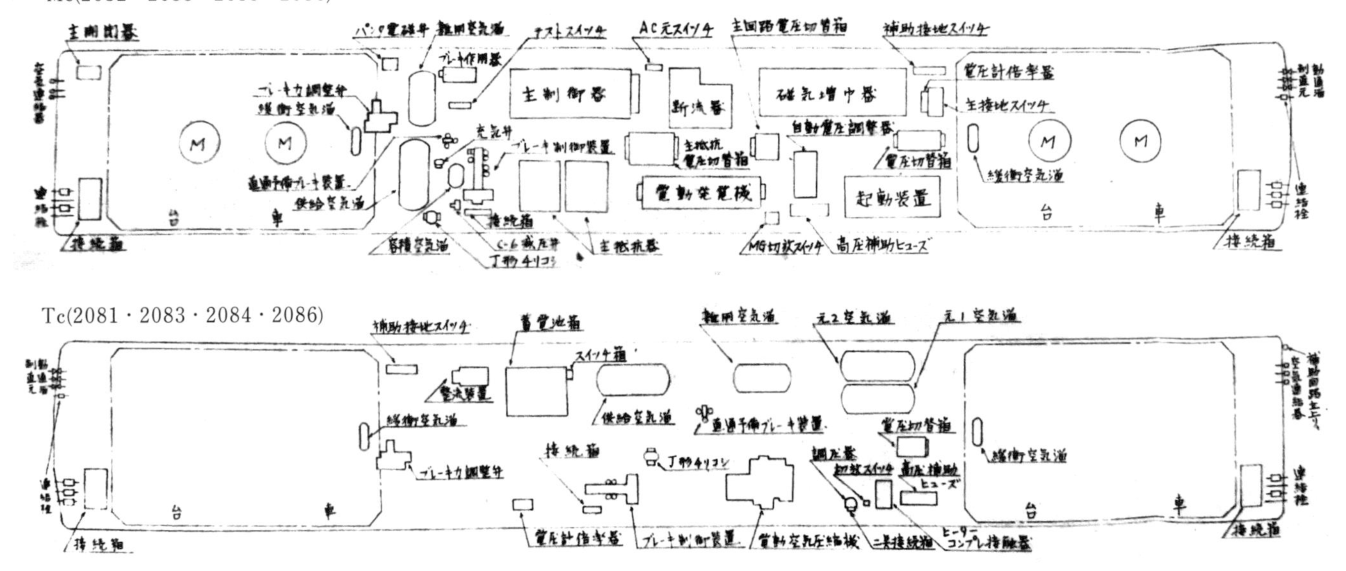

2021系床下機器配置。所蔵：国立公文書館

2079(Tc)。

2029(M)。

2028(Mc)。昭和54/1979-4-14　髙間恒雄

2075(T)。

(2041・Mc)。昭和53/1978-11　髙間恒雄

ブレーキ制御装置(2041・Mc)。昭和53/1978-11　髙間恒雄

主抵抗器。井上雄次

主抵抗器(2041・Mc)。昭和53/1978-11　髙間恒雄

ブースター・MG(CLG330・2041・Mc)。昭和53/1978-11　髙間恒雄

2082(左)。井上雄次

MG起動装置(LA-502-B・2041・Mc)。昭和53/1978年　髙間恒雄

井上雄次

ブレーキ制御装置(2091・Tc)。昭和53/1978-11　髙間恒雄

(2091・Tc)。昭和53/1978-11-8　髙間恒雄

ブレーキ制御装置。昭和40/1965-1-22　磯田和人

CP(D-3-NH)。昭和40/1965-1-22　磯田和人

磁気増幅器(LA-502-B)。井上雄次

主制御器(MM16-A)。井上雄次

(2041・Mc)。昭和53/1978-11-8　髙間恒雄

車内(2033)。なお2021系で最後に残った2077×8の内、一部車両の出入り口付近の床の滑り止めが縞鋼板であった(2030・2040・2041・2090・2091)。床敷物の材質が数種あり、リノリュームの車両では縞鋼板であった模様。昭和52/1977-1　髙間恒雄

車内(2033)。座席下の蹴込板はRのない直線折り曲げ形となる。昭和52/1977-1　髙間恒雄

乗務員室(2033)。昭和52/1977-1　髙間恒雄

非冷房のまま3000系に編入改造中の2079。
昭和55/1980-3-11　正雀工場　直山明徳

非冷房のまま2000系に編入改造中の2090。
昭和55/1980-3-11　正雀工場　直山明徳

他系へ転出の2021系(非冷房)

2073(T・3050-3500-3000+3051-2073-3529-3001)。台車FS45。
十三　昭和54/1979-4-16　髙間恒雄

2075(T・3078-3523-3028+3079-2075-3524-3029)。台車FS45。
十三　昭和53/1978-5-21　阿部一紀

2075(T)。台車FS45。六甲　昭和55/1980-5-10　髙間恒雄

2078(T)。台車FS45(昭和52年4月時点では3072-2078-3515-3022+3073-2061-3516-3023)。正雀車庫　昭和51/1976-12-14　篠原　丞

2080(T)。この車両は昭和43年、2021系の中で最初に3000系(3068×7)に編入され、まもなく2021系に戻り、昭和52年に再び3000系編入(3056-2080-3503-3006+3055-2153-3517-3005)。台車FS45。十三　昭和54/1979-8-11　髙間恒雄

2090(暫定T・2050-2000-2090-2001+2070-2002-2051-2020)。台車FS45。六甲　昭和55/1980年　髙間恒雄

2090(暫定T)。台車FS45。西宮北口　昭和55/1980年　髙間恒雄

5000系5009ユニットに組み込まれた2021(暫定T・手前から3両目)。非冷房の5000・2021系と冷房の5200系で構成された珍しい8連。5000系は昭和48年度に一気に冷房化が行われたので、その時期の暫定組成のようである(編成記録は不明だが、5009-5509-2021-5059+5203-5243=5233-5244と思われる)。中津～十三　昭和48/1973-3-3　直山明徳

2024(暫定T・2056-2006-2024-2007+2052-2008-2057-2003)。台車FS345。十三　昭和50/1975-5-5　高間恒雄

2021(暫定T・2054-2004-2021-2005+2065-2015-2066-2016)。台車FS345。十三　昭和46/1971-3-27　阿部一紀

2025(暫定T)。台車FS345。西宮北口　昭和55/1980年頃　高間恒雄

2025(暫定T・3062-3506-3556-3012+3063-2025-3533-3013)。台車FS345。六甲　昭和54/1979-1-6　高間恒雄

2027(暫定T・3058-3504-3554-3008+3069-2027-3512-3019)。台車FS345。西宮車庫　昭和53/1978-10-18　直山明徳

2027。台車FS345。梅田　昭和54/1979-8-19　髙間恒雄

2027(暫定T)。台車FS345。梅田　昭和52/1977年　髙間恒雄

2029(暫定T・3052-3501-3551-3002+3057-2029-3518-3007)。台車FS345。十三　昭和54/1979-4-16　髙間恒雄

2029。台車FS345。正雀車庫　昭和51/1976-11-18　篠原　丞

2037(暫定T・2062-2012-2037-2013+2064-2014+2067-2017)。台車FS345。正雀車庫　昭和45/1970-11-25　篠原　丞

2028(暫定T・3152-3601-3651-3102+3153-2028-3607-3103)。台車FS345。十三　昭和55/1980-3-6　髙間恒雄

2028(暫定T)。台車FS345。十三　昭和56/1981-6-5　髙間恒雄

2030((暫定T・3154-3602-3652-3104+3155-2030-3603-3105)。この車両は冷房化・改番されないまま能勢電鉄に譲渡された。台車FS345。豊中〜蛍池　昭和55/1980-5-17　髙間恒雄

2025(暫定T)。改造時期により、M車時代の床下機器が多く残る車両と、逆に殆ど撤去された車両があった。六甲　昭和54/1979-1-6　髙間恒雄

他系へ転出の2071系(冷房化)

2021系は中間車から他系に編入されていったが、昭和52年以降は先頭車もその対象となり、組み込み編成に合わせて一部は冷房化・電動車の完全T化・先頭車は中間車化されて本格的に他系の増結用に転身した。元の車種・その編入の時期・組み込まれる系列により、1両ごとに仕様が異なっている上、編入編成のその後の改造によってはさらに変化した。なお2030のみ非冷房で能勢電鉄に譲渡されて1500系1585となる。電動車が消滅し、実質的に2021系は他系に吸収されたことから、昭和60年には2021系は2071系と改称した。昭和52年に冷房化、3000系に編入の2187(T)。台車FS345。正雀車庫　昭和52/1977-7-5　篠原　丞

2187(T・3068-3511-2187-3018+3059-3531-2072-3009)。
昭和61/1986-10-10　阿部一紀

2072(T・3068-3511-3018+3059-3531-2072-3009)。台車FS45。
編入の3000系と共に冷房化。梅田　昭和52/1977年　髙間恒雄

2072(T・3069-3512-2072-3019)。台車FS45。
新伊丹～稲野　平成3/1991-11-24　髙間恒雄

2076(T・3076-3521-3557-3026+3077-3522-2076-3027)。
台車FS45。編入の3000系と共に冷房化。
梅田　昭和52/1977-3　髙間恒雄

2076(T・3077-3611-2076-3100)。昭和62年に表示幕装置取付(位置変更)、貫通路は狭幅化(引戸無し)。平成4年に非表示幕編成に組込、簡易形側面表示器となる。台車FS45。
西宮車庫　平成14/2002-3-31　篠原　丞

2076(T・3077-3611-2076-3100)。平成15年12月にCPをHB-2000化。稲野　平成19/2007-6-19　篠原　丞

2173(To・3080-3525-2071-3030+3081-3526-2173-3031)。昭和52年に冷房化、3100系に編入。昭和63年、3000系に移る。台車FS45。
中津～梅田　平成元/1989-11-26　髙間恒雄

2176(To・3150-3600-3650-3100+3151-3611-2176-3101)。昭和53年に冷房化、3100系に編入。昭和61年に表示幕装置取付(位置変更)、貫通路は狭幅化(引戸無し)。台車FS345。
中津～梅田　平成元/1989-11-26　髙間恒雄

2176(To・3081-3526-2176-3031)。平成10年に3000系非表示幕4連編成に組込、簡易形側面表示器となり、CP(HB-2000)取付。台車FS345。西宮車庫　平成23/2011-3-16　髙間恒雄

2177(T・3058-3504-3554-3008+3069-3512-2177-3019)。台車FS345。編入の3000系と共に冷房化。
梅田　昭和60/1985-8-22　髙間恒雄

2177(T)。台車FS345。西宮車庫　昭和60/1985-5-26　直山明徳

2188(To・3158-3606-3552-3108+3159-3610-2188-3109)。昭和53年に冷房化、3100系に編入。台車FS345。

十三　昭和53/1978-5-21　阿部一紀

2188(To・3060-3505-3555-3010-3061-3532-2188-3011)。昭和63年、3000系に移る。平成元年に表示幕装置取付(位置変更)、貫通路は狭幅化(引戸無し)。台車FS345。
平井車庫　平成10/1998-9-25　篠原　丞

2191(To・3074-3519-3561-3024+3075-3520-2191-3025)。昭和54年に冷房化、3000系に編入。台車FS345。
西宮車庫　昭和55/1980年　髙橋正雄

2189(To・3158-3606-3552-3108+3159-3610-2188-3109)。昭和53年に冷房化、3100系に編入。台車FS345。
中津　昭和53/1978年　髙間恒雄

2191(To・3074-3519-3561-3024=3075-3520-2191-3025)。昭和61年に表示幕装置取付(位置変更)。大阪側貫通路は広幅のまま。台車FS345。梅田　平成17/2005-10-16　髙間恒雄

2190(To・3064-3507-2190-3014+3065-3508-2155-3015)。昭和54年に冷房化、3000系に編入。台車FS345。
梅田　昭和60/1985-8-22　髙間恒雄

2190(To・3064-3507-2190-3014+3065-3508-2090-3015)。昭和61年に表示幕装置取付(位置変更)。大阪側貫通路は広幅のまま。台車FS345。十三　平成20/2008-11-27　髙間恒雄

2174。旧2024で冷房改造時に2174に改番。2000系編入車は神戸方の貫通口を狭幅の引戸付としている。
正雀工場　昭和54/1979-4-16　髙間恒雄

冷房改造と同時に乗務員室の撤去中の2086。
正雀車庫　昭和51/1976-12-14　篠原　丞

2074(To・3157-3605-2074-3107)。昭和54年に冷房化、3000系に編入。昭和63年、3100系に移る。台車FS45。
稲野～新伊丹　平成3/1991-11-24　髙間恒雄

2078(T・3072-3515-2078-3022+3073-3516-2061-3023)。編入の3000系と共に冷房化。台車FS45。六甲　昭和54/1979-6-16　髙間恒雄

2078(T)。台車FS45。豊中　昭和54/1979-6-14　髙間恒雄

2087(To・3070-3513-2087-3020-3071-3514-2063-3021)。昭和53年に冷房化、3000系に編入。台車FS45。阪神淡路大震災時に伊丹駅で被災し、廃車となる。梅田　昭和60/1985-8-22　髙間恒雄

2186(To・5006-2086-5506-5056+5007-2186-5507-5057)。昭和52年に冷房化、5000系に編入。台車KS-72A。
正雀車庫　昭和52/1977-2-25　篠原　丞

2181-2082(T・5002-2181-2082-5041=5031-2182-5502-5052)。昭和52年に冷房化、5000系に編入。2181-2082間は広幅貫通口のまま。台車KS-72A(2181)・台車KS-72B(2082)。梅田　昭和59/1984-2-27　髙間恒雄

2181(T・5002-2181-2082-5041=5031-2182-5502-5052)。昭和60年に表示幕化・ローリーファン設置・台車FS324化。2181-2082間は広幅貫通口のまま。六甲　平成19/2007-4-8　松島俊之

2182(To・5002-2181-2082-5041=5031-2182-5502-5052)。昭和52年に冷房化、5000系に編入。台車KS-72A。
梅田　昭和59/1984-2-27　髙間恒雄

2182。昭和60年に表示幕化・ローリーファン設置・台車FS324A化。梅田　平成14/2002-9-10　篠原　丞

2183(To・5001-2081-5501-5051+5003-2183-5503-5053)。昭和52年に冷房化、5000系に編入。台車KS-72A。
梅田　昭和59/1984-2-27　髙間恒雄

2183(To)。台車KS-72A。
十三～中津　昭和61/1986-10-11　髙間恒雄

2184(T・5000-2184-2085-5040=5030-2083-5500-5050)。昭和52年に冷房化、5000系に編入。2184-2085間は広幅貫通口のまま。台車KS-66C。十三　昭和54/1979-4-16　髙間恒雄

2184(T・3050-3500-2184-3000-3051-3529-2085-3001)。昭和62年台車FS324化。平成元年に表示幕化・ローリーファン設置・大阪側貫通路は狭幅化(引戸無し)・台車FS345化。平成18年、3000系に移る。十三　平成20/2008-11-18　髙間恒雄

2185(To・5004-2084-5504-5054+5005-2185-5505-5055)。昭和52年に冷房化、5000系に編入。昭和59年に表示幕化・ローリーファン設置。昭和61年頃台車FS324A化。
中津～梅田　平成元/1989-11-26　髙間恒雄

2185(To)。平成3年台車FS45化。梅田　平成14/2002-1-4　篠原　丞

2186(To・5006-2086-5506-5056+5007-2186-5507-5057)。昭和52年に冷房化、5000系に編入。台車KS-72A。
西宮車庫　昭和55/1980年　髙橋正雄

2186(To)。昭和61年に表示幕化・ローリーファン設置・大阪側貫通路は狭幅化(引戸無し)・台車FS324化A。平成3年台車FS345化。
御影　平成8/1996-7-21　篠原　丞

2081(To・5001-2081-5501-5051+5003-2183-5503-5053)。昭和52年に冷房化、5000系に編入。台車KS-72B。
梅田　昭和59/1984-2-27　髙間恒雄

2081(To)。昭和62年台車FS324A化。平成2年に表示幕化・ローリーファン設置・大阪側貫通路は狭幅化(引戸無し)。
六甲　平成3/1991-6-18　髙間恒雄

台車交換で解体されるエコノミカル(軸はり)式台車。正雀工場　昭和60/1985-8-22　髙間恒雄

2184の神戸方妻面と床下機器(この出場時に5000系から3000系に移る)。正雀工場　平成18/2006-10-15　髙間恒雄(2点共)

2082(T・5002-2181-2082-5041=5031-2182-5502-5052)。昭和52年に冷房化、5000系に編入。2181-2082間は広幅貫通口のまま。台車KS-72B。十三　昭和56/1981-1-18　阿部一紀

2082(T)。昭和60年に表示幕化・ローリーファン設置・台車FS324A化。六甲　平成19/2007-4-8　松島俊之

2083(To・5000-2184-2085-5040=5030-2083-5500-5050)。昭和52年に冷房化、5000系に編入。台車KS-72B。
梅田　昭和59/1984-2-27　髙間恒雄

2084(To・5004-2084-5504-5054+5005-2185-5505-5055)。昭和52年に冷房化、5000系に編入。台車KS-66B。
西宮北口　昭和54/1979-6-24　髙間恒雄

2084(To)。昭和59年に表示幕化・ローリーファン設置。台車KS-66B。梅田　昭和60/1985-8-22　髙間恒雄

2084(To)。昭和61年頃FS324台車化。
中津～梅田　平成元/1989-11-26　髙間恒雄

2084(To)。平成3年FS345台車化。側引戸が交換されて下部の銀帯が無い。西宮車庫　平成14/2002年　篠原　丞

2085(T・5000-2184-2085-5040=5030-2083-5500-5050)。昭和52年に冷房化、5000系に編入。2184-2085間は広幅貫通口のまま。台車KS-66B。十三　昭和54/1979-4-16　髙間恒雄

2085(T・3050-3500-2184-3000-3051-3529-2085-3001)。昭和62年台車FS324A化。平成元年に表示幕化・ローリーファン設置・貫通路は狭幅化(引戸無し)・台車FS45化。平成18年、3000系に移る。
十三　平成19/2007-9-17　髙間恒雄

2086(To・5006-2086-5506-5056+5007-2186-5507-5057)。昭和52年に冷房化、5000系に編入。台車KS-72B。
正雀車庫　昭和52/1977-2-25　篠原　丞

2086(To)。昭和61年に表示幕化・ローリーファン設置・貫通路は狭幅化(引戸無し)・台車FS324化。平成3年FS345台車化。
正雀車庫
平成3/1991-10-15
篠原　丞

昭和60年、5200系に編入された2172-2091(5230-2172-2091-5240=5231-2057-2052-5241)。台車FS345(2172)・台車FS33(2091)。
梅田　昭和60/1985-8-22　髙間恒雄

2172(T・2054-2004-2172-2005+2065-2015-2066-2016)。
編入の2000系と共に冷房化された車両は、神戸方妻面に引戸設置。
台車FS345。三宮～春日野道　昭和56/1981-1-17　阿部一紀

2172(T)。台車FS345。六甲　昭和54/1979-1-6　髙間恒雄

2174(T・2092-2042-2174-2043+2056-2006-2057-2007)。
編入の2000系と共に冷房化され、神戸方妻面に引戸設置。台車FS345。十三　昭和56/1981-1-18　阿部一紀

2089(To・2058-2008-2089-2043+2094-2009-2174-2044)。
編入の2000系と共に冷房化され、神戸方妻面に引戸設置。台車FS45。三宮～春日野道　昭和62/1987-5　髙間恒雄

2090(To・5010-2090-5510-5060+5011-2886-5511-5061)。編入の2000系と共に冷房化され、神戸方妻面に引戸設置。昭和59年5000系に移る。台車FS45。中津～十三　昭和61/1986-10-11　髙間恒雄

2090(To・3064-3507-2190-3014=3065-3508-2090-3015)。
5000系編入時代の昭和62年に表示幕化・ローリーファン設置。平成13年3000系に移る。台車FS45。梅田　平成25/2013-11-9　髙間恒雄

2091(To・5230-2091-5240=5231-2052-5241)。編入の2000系と共に冷房化され、神戸方妻面に引戸設置。昭和59年に5000系に移り、この際に台車をFS33化(2051と交換)、昭和60年5200系に移る。平井車庫　平成10/1998年　篠原　丞

2175(T・3062-3506-3556-3012-3063-3533-2175-3013。編入の3000系と共に冷房化され、天井にスイープファン取付のためクーラー取付が中央寄りで表示幕設置。側引戸は交換されて下部の銀帯が無い。台車FS345。平井車庫　平成13/2001年　篠原　丞

車内(2175)。天井にスイープファンを取付けた冷房改造車は内装デコラを交換し、小天井部の排気ダクトも無くなっている。
平成25/2013-8-22　髙間恒雄

2175(T)。台車FS345。平井車庫　平成10/1998-9-25　篠原　丞

2178(To・3152-3601-3651-3102=3153-3607-2178-3103-3103)。編入の3100系と共に冷房化され、天井にスイープファン取付のためクーラー取付が中央寄りで表示幕設置。台車FS345。中津～梅田　平成元/1989-11-26　髙間恒雄

2179(T・3052-3501-3551-3002-3057-3518-2179-3007)。
昭和58年、編入の3000系と共に冷房化、天井にスイープファン取付のためクーラー取付が中央寄りで表示幕設置。台車FS345。
平井車庫　平成10/1998-9-25　篠原　丞

2179(T・3052-3501-3651-3002-3057-3518-2179-3007)。
側引戸を交換した車両は引戸下部の銀帯がない。台車FS345。
六甲　平成18/2006-7-28　髙間恒雄

2073(T・3050-3500-3550-3000-3051-3529-2073-3001)。昭和57年、編入の3000系と共に冷房化、天井にスイープファン取付のためクーラー取付が中央寄りで表示幕設置。台車FS45。六甲　平成3/1991-6-18　髙間恒雄

2075(T・3078-3523-3558-3028=3079-3524-2075-3029)。昭和57年、編入の3000系と共に冷房化、天井にスイープファン取付のためクーラー取付が中央寄りで表示幕設置。台車FS45。
六甲　平成18/2006-7-28　髙間恒雄

2077(To・3082-3527-3560-3032=3083-3528-2077-3033)。昭和57年、編入の3000系と共に冷房化、天井にスイープファン取付のためクーラー取付が中央寄りで表示幕設置。台車FS45。
十三　昭和61/1986-4-14　阿部一紀

2079(To・3159-3610-2079-3109)。昭和59年、編入の3000系と共に冷房化、天井にスイープファン取付のためクーラー取付が中央寄りで表示幕設置・CP撤去。台車FS45。6連化時に休車となっていたが、震災関連の編成替でCPを復活。
正雀車庫　平成7/1995-5-4　篠原　丞

2079(To・3159-3610-2079-3109)。平成16/2004年1月、CPをHB-2000に変更。台車FS45。稲野　平成19/2007-6-19　篠原　丞

2080(T・3056-3503-2080-3006-3055-3517-2055-3005)。
昭和58年、編入の3000系と共に冷房化、天井にスイープファン取付のためクーラー取付が中央寄りで表示幕設置。台車FS45。
西宮車庫　平成14/2002年　篠原　丞

2088(T・3054-3502-2079-3004-3053-3530-2088-3003)。
昭和59年、編入の3000系と共に冷房化、天井にスイープファン取付のためクーラー取付が中央寄りで表示幕設置。台車FS45。
梅田　昭和60/1985-8-22　髙間恒雄

2171(T・2062-2012-2171-2013+2064-2014+2067-2017)。編入の2000系と共に冷房化され、神戸方妻面に引戸設置。台車FS345。
十三　昭和54/1979-1-15　阿部一紀

2171(T・5010-2090-5510-5060+5011-2171-5511-5061)。昭和59年、5000系に移る(のち3100系に移る)。台車FS345。
梅田　昭和59/1984-3-22　髙間恒雄

3022Ⅱ。阪神淡路大震災後の編成変更で2171(元M車2021)に3000系の機器を取り付け3000系M'化(3072-3515-3022Ⅱ+3073-3516-3023)。3154編成組込時に表示幕化されていたが、3072編成と同じ簡易式側面表示器に再変更。台車FS345。西宮北口　平成20/2008-2-22　髙間恒雄

2171(元M車2021)を3022Ⅱに改造中。冷房改造時は2000系編入で、神戸方妻面貫通口を狭幅化して引戸を設置。先頭車と連結する神戸方の連結器は自動連結器に交換。正雀工場　平成7/1995-11-18　松島俊之

3022Ⅱ車内。大阪方妻面は広幅貫通路で3000系としては唯一となり、扉上部のアフリ戸の形状が本来の3000系とは細部が異なる。天井にはローリーファン設置。
平成20/2008-2-22　髙間恒雄

車内(2078)。冷房改造のみ実施し、内装の更新は行っていない車両。
昭和63/1988-8-18　髙間恒雄

車内(2175)。表示幕設置・更新時に一部車両は貫通路の左右を埋める形で狭幅化し、見付けを改善(引戸は無し)。平成23/2011-8-10　髙間恒雄

旧乗務員室を撤去した車内(2186)。仕切りが残り、立席スペースとなった。側窓は固定で薄青色の熱線吸収ガラスを使用して日除け鎧戸は省略。
正雀車庫　昭和52/1977-2-25　篠原　丞(2点共)

2176。8連時に表示幕化されたが、4連化時に簡易表示器化した。平成15年11月に編入の3081×4のCP改良のためCP(HB-2000)取付。
平成23/2011-3-16　髙間恒雄

兵庫県広域防災センターの鉄道事故訓練施設として使用されている2186。前面を先頭車形状に簡易復元している。
平成24/2012-12-22　髙間恒雄

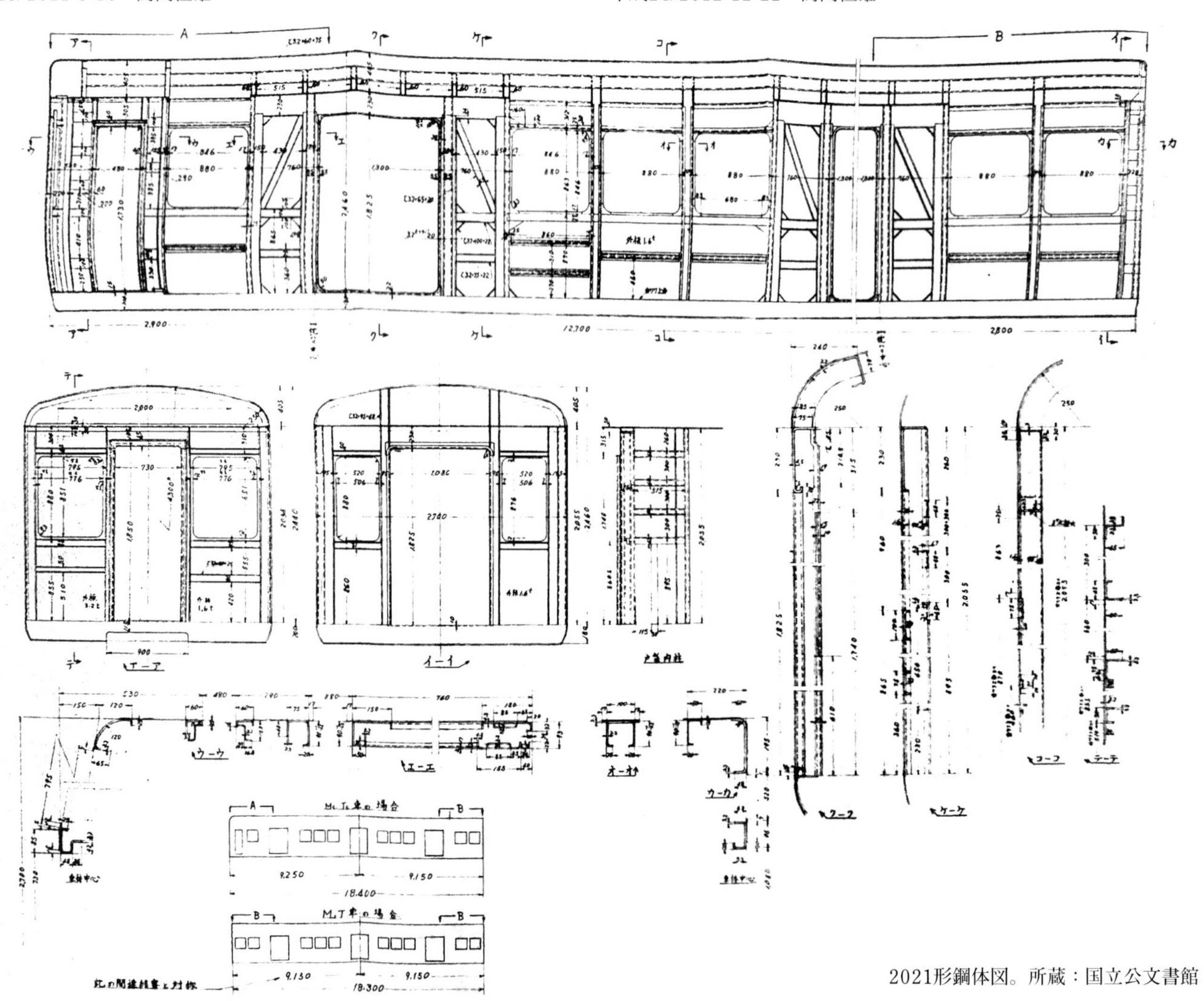

2021形鋼体図。所蔵：国立公文書館

他系へ転出の2021系一覧表

車番	車種	台車 (製造時)	他系編入 (非冷房)	他系編入(冷房化・一部改番・新車種)	他系編入 (冷房化後)	表示幕化	台車振替 CP新設・移設	能勢譲渡 ほか
2021	M	FS345	2000(S46)→5000(S47) →2000(S49)	2000(S52)・2171・T 神宝側妻に引戸設置	→5000(S59)→3100 →二代目3022化(H8)	S60 ローリーファン・表示幕装置 →3022簡易表示器化		3000系化
2022	M	FS345	2000(S46)→3000(S47) →2000(S51)	2000(S53)・2172・T 神宝側妻に引戸設置	→5200(S60) →5000(S62)	S63ローリーファン・表示幕装置・ 大阪側貫通路狭幅化		
2023	Mc	FS345		3100(S53)・2173・To	→3000(S63)	施工せず		
2024	M	FS345	2000(S46)→3000(S47) →2000(S48)	2000(S54)・2174・T 神宝側妻に引戸設置	→5000(S62)	S63ローリーファン・表示幕装置・ 大阪側貫通路狭幅化		
2025	M	FS345	2000(S46)→3000(S47) →2000(S55)	3000(S58)・2175・T スイープファン・表示幕装置		(冷改併施)		
2026	Mc	FS345		3100(S53)・2176・To	→3000(H10)	S61 表示幕装置(位置変更)・貫通路狭幅化→簡易表示器化	H16 CP HB-2000新設	
2027	M	FS345	3000(S52)	3000(S55)・2177・T	→2000(H2)	施工せず		能勢1785
2028	Mc	FS345	3100(S55)暫定To	3100(S56)・2178・To スイープファン・表示幕装置	→3000(H10)	(冷改併施)		
2029	M	FS345	3000(S52)	3000(S58)・2179・T スイープファン・表示幕装置		(冷改併施)		
2030	Mc	FS345	3100(S55)暫定To	能勢譲渡(S60)・1585T				能勢1585
2031	M	KS-72A		5000(S52)・2181・T		S60 ローリーファン・表示幕装置	FS324(幕改時) →変更なし	
2032	Mc	KS-72A		5000(S52)・2182・To		S60 ローリーファン・表示幕装置	FS324A(幕改時) →変更なし	
2033	Mc	KS-72A		5000(S52)・2183・To		H1 ローリーファン・表示幕装置・ 貫通路狭幅化	S62 FS324A(幕改前) →時期不明 FS345	
2034	M	KS-66C		5000(S52)・2184・T	→3000(H18)	H1 ローリーファン・表示幕装置・ 大阪側貫通路狭幅化	S62 FS324A(幕改前) →H1 FS345(幕改時)	
2035	Mc	KS-66C		5000(S52)・2185・To		S59 ローリーファン・表示幕装置	S61頃 FS324A(幕改後) →H3 FS45	
2036	Mc	KS-72A		5000(S52)・2186・To		S61 ローリーファン・表示幕装置・ 貫通路狭幅化	FS324A(幕改時) →H3 FS345	兵庫県広域 防災センター
2037	M	FS345	2000(S46)→3000(S47) →2000(S50)	3000(S50)・2187・T		施工せず		能勢1786
2038	Mc	FS345		3100(S53)・2188・To	→3000(S62)	H1 ローリーファン・表示幕装置・貫通路狭幅化		
2039	Mc	FS345		3100(S53)・2189・To	→3000(S62)	施工せず		
2040	Mc	FS345		3000(S54)・2190・To		S61 表示幕装置(位置変更)		
2041	Mc	FS345		3000(S54)・2191・To		S61 表示幕装置(位置変更)		
2071	Tc	FS45		3000(S54)・To		施工せず		
2072	T	FS45	3000(S46)	3000(S52)・T		施工せず		能勢1787
2073	T	FS45	3000(S46)	3000(S57)・T スイープファン・表示幕装置		(冷改併施)		
2074	Tc	FS45		3000(S54)・To	→3100(S63)	施工せず		
2075	T	FS45	3000(S46)	3000(S57)・T スイープファン・表示幕装置		(冷改併施)		
2076	T	FS45	3000(S46)	3000(S51)・T		S62 表示幕装置(位置変更)・貫通路狭幅化→H4 簡易表示器化	H16 CP HB-2000化	
2077	Tc	FS45	3000(S55)暫定To	3000(S57)・To スイープファン・表示幕装置		(冷改併施)		
2078	T	FS45	3000(S52)	3000(S51)・T	→3100(S62)	施工せず		能勢1788
2079	Tc	FS45	3000(S55)暫定To	3000(S59)・To スイープファン・表示幕装置		(冷改併施)	S59CP撤去(幕改時)→H7復活→H16 HB-2000化	
2080	T	FS45	3000(S43)→2021に復帰 →3000(S52)	3000(S58)・T・スイープファン・表示幕装置		(冷改併施)	S58 CP HB-2000化(幕改時)→H16撤去(Tc移設)	
2081	Tc	KS-72B		5000(S52)・To		H2 ローリーファン・表示幕装置・ 貫通路狭幅化	S62 FS324A(幕改前) →変更なし	
2082	T	KS-72B		5000(S52)・T		S60 ローリーファン・表示幕装置	FS324A(幕改時) →変更なし	
2083	Tc	KS-72B		5000(S52)・To		H1 ローリーファン・表示幕装置・ 貫通路狭幅化	S62 FS324A(幕改前) →H1 FS345(幕改時)	
2084	Tc	KS-66B		5000(S52)・To		S59 ローリーファン・表示幕装置	S61頃 FS324(幕改後) →H3 FS345	
2085	T	KS-66B		5000(S52)・T	→3000(H18)	H1 ローリーファン・表示幕装置・ 神戸側貫通路狭幅化	S62 FS324A(幕改前) →H1 FS45(幕改時)	
2086	Tc	KS-72B		5000(S52)・To		S61 ローリーファン・表示幕装置・ 貫通路狭幅化	FS324(幕改時) →H3 FS345(幕改時)	兵庫県広域 防災センター
2087	Tc	FS45		3000(S53)・To	→3100(S62)	施工せず		震災廃車
2088	T	FS45	3000(S46)	3000(S59)・To スイープファン・表示幕装置・CP撤去		(冷改併施)		
2089	Tc	FS45		2000(S54)・To 神宝側妻に引戸設置		施工せず		
2090	Tc	FS45	2000(S55)暫定To	2000(S56)・To 神宝側妻に引戸設置	→5000(S59) →3000(H13)	S62 ローリーファン・表示幕装置・ 貫通路狭幅化		
2091	Tc	FS45		2000(S55)・To 神宝側妻に引戸設置	→5000(S59) →5200(S60)	施工せず	S59 FS33	

阪急2021系の軌跡

髙間恒雄

弊社刊「阪急2000Vol.1」で記述した通り、神戸・宝塚線の電車線電圧の1500V昇圧が決定したことから、可能な限りこの切換えに即応する車両に移行することとなった。その設計・製作には時間を必要とするものの、当時の旅客急増に対して車両増備を見送ることのできる状況ではなかった。増備はこれに対応して神戸・宝塚両線の区別なく2000系ベースの1500V仕様の2021系に1本化して移行することとなり、昭和38年から翌年にかけて42両が製造された。本稿ではこの2021系を紐解いてみることとする。

このグループの車両番号は実質別形式ながら2000系のラストの続番とされ、そのトップナンバーである2021を由来として2021系と呼ばれている(いわば暫定的に製造された車両であり、長く製造される見込みがなかったためでもあった)。

2021系は1500V昇圧に備えて簡単に切り替えができる複電圧車である。ただし以前の複電圧車710・810系のような電圧転換器を使用する車上切換えではなく、床下の機器箱によって切換える(600Vと1500Vの直通運転はできない)。制御方式は2008形とほとんど同じの150kWだが、主電動機の定格電圧が750Vとなったことから主電動機のツナギが変わった(形式はSE-574)。主制御器は電動カム軸式・直並列制御・回生ブレーキ付(MM-16A)。制御段数は直列抵抗制御11段・並列抵抗制御11段。断流器は電空式JP-32-C1またはD1。さらに編成が長くなってきたことから主電動機を区分して開放する必要が少なくなったことから電動機解放スイッチはもうけていない。また2000系でMc・Mに設置されていた蓄電池は2021系ではTc・T設置に変更されている。なお筆者の記憶では主電動機の音は2000系とは違い、どちらかといえば3000系に近かったような記憶がある。

昭和38年度には2021系1次車が製造された(昭和38年9～11月製造)。

2071-2021-2072-2022-2073-2023(神戸線)
2074-2024-2075-2025-2076-2026(神戸線)
2077-2027-2078-2028(神戸線)
2079-2029-2080-2030(神戸線)
2081-2031-2082-2032+2083-2033(宝塚線)
2084-2034-2085-2035+2086-2036(宝塚線)
2087-2037-2088-2038+2089-2039(宝塚線)

昭和39年度には2021系2次車が製造され、神戸線4連を6連化(昭和39年5月製造)。

2090-2040(2077-2027-2078-2028+2090-2040と組成)
2091-2041(2079-2029-2080-2030+2091-2041と組成)

2021系の車体は同年度製造の2300系4次車と共に側窓サッシがフレームレス方式となり、窓上部にあった窓戸錠が見えない位置(下部のバランサー部)に移されて操作しやすくなった。ハニカム構造の側引戸は厚みを増して縦に2本の帯状の他に扉下辺にもアルミの銀色の帯が入っている。側入口下の靴ズリの左右幅はすこし短くなって隅Rにかからない長さとなった。なお一部車両(2033・2038)に上戸閉機を試用している。なお2071×6・2074×6は中間に運転台のない広幅貫通幌で結ばれた6連となったが、走行時に車内に強い風が吹き抜けることとなったので、次の3000系ではその対策として引戸付きの狭幅貫通路に変更

2077他6連。髙橋正雄

2021系ではフレームレスサッシ化され、従来の2000系のフレーム付窓で上部にあった窓戸錠前を窓下バランサー部に変更。髙橋正雄(2点共)

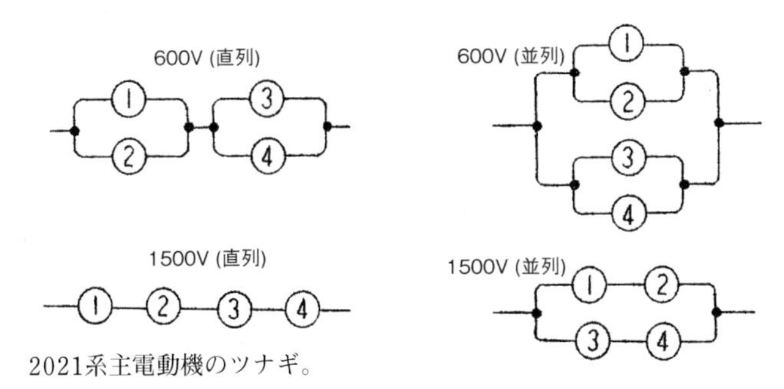

2021系主電動機のツナギ。

されている。台車は住友金属製ミンデンドイツ式FS345・FS45と汽車会社製エコノミカル式空気ばね台車の改良型(2031 ～ 2033・2036はKS-72A・2081 ～ 2083・2086はKS-72B)、2084×4には2068編成からの発生品を転用(KS-66C・B)。エコノミカル軸はり式空気ばね台車使用編成は宝塚線で運用された。

2021系は750V定格の主電動機を600Vで使用のためか、神戸線での高速域での加速力は不十分となっていたようで、界磁を弱めすぎることから主電動機のフラッシュオーバーが多かった。

なお2021系の昇圧は昇圧即応車を謳っていたものの、事前に京都線で実施した1500Vの試運転の結果、昇圧機(ブースター)に起因して界磁制御の安定性を確保することが難しいことが判明し、即日で切り替えには無理な箇所があって改造が必要となり、1500V専用改造工事を実施している(磁気増幅器による昇圧機制御にサイリスタ位相制御を付加するなど)。また主電動機のフラッシュオーバー防止の対策として回路変更などの改良を実施。まず2071×6で先行改造して京都線で走行性能試験を実施したのち、他編成を改造した。

■表1　昭和42年10月現在の2021系編成表

神戸線1500V(7連は1010系4本・3000系8本)

2071-2021-2072-2022-2073-2023

2074-2024-2075-2025-2076-2026

宝塚線600V(7連は1010系2本・3100系5本)

2077-2027-2078-2028+2090-2040

2079-2029-2080-2030+2091-2041

2081-2031-2082-2032+2083-2033

2084-2034-2085-2035+2086-2036

2087-2037-2088-2038+2089-2039

昭和42年10月の編成表は表1の通り。

またこの頃からATS・列車選別装置アイデントラ(IDR)・列車無線装置(VHF)などが開始されたが、2021系

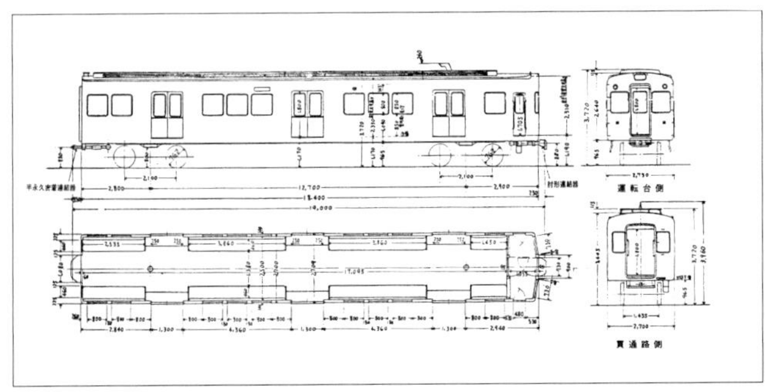

2071形(Tc)車両竣功図

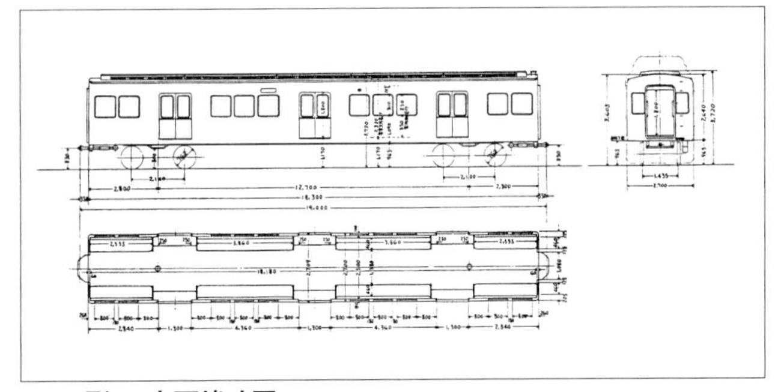

2071形(T)車両竣功図

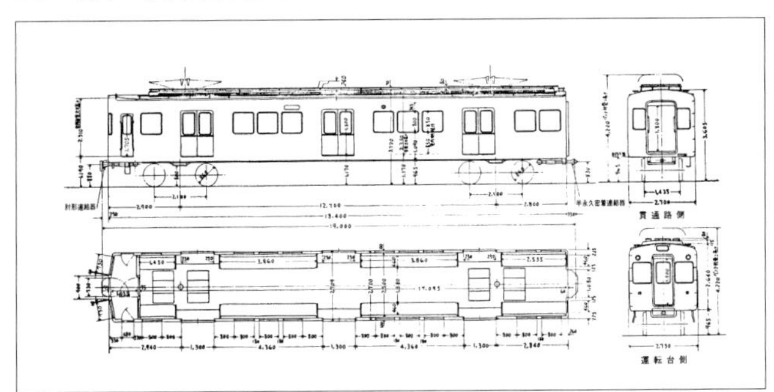

2021形(Mc)車両竣功図

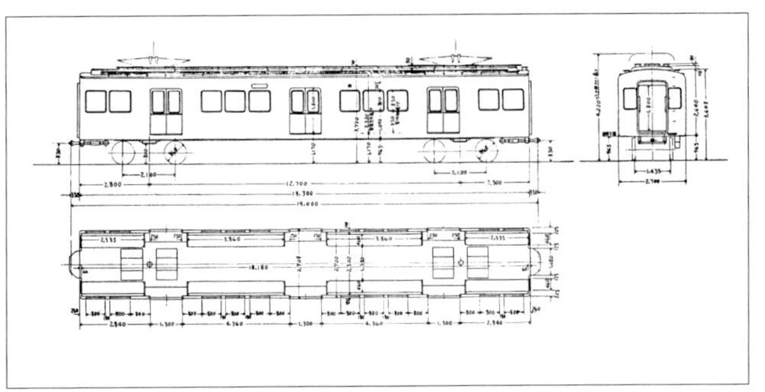

2021形(M)車両竣功図

3064-3507-3014+3051-2073-3529-3001。2071形を編入したユニットはTc-T-M-Mcと組成している。
西宮北口～武庫之荘　昭和46/1971-1-15　直山明徳

今津線運用の2041他4連。宝塚南口　昭和44/1969-9　髙橋正雄

2000系に組み込まれていた2025暫定T車を3000系に移した(3013-3533-2025-3063+3012-3556-3506-3062)。
川西能勢口　昭和49/1974-3-31　阿部一紀

■表2　昭和43年12月現在の2021系編成表

2071-2021-2072-2022-2073-2023+2090-2040(昭和38・39年度製)

2074-2024-2075-2025-2076-2026+2091-2041(昭和38・39年度製)

2079-2029-2030+2077-2027-2078-2028(昭和38年度製・2030は暫定T)

2081-2031-2082-2032+2083-2033(昭和38年度製)

2084-2034-2085-2035+2086-2036(昭和38年度製)

2087-2037-2088-2038+2089-2039(昭和38年度製)

2080(3000系7連に編入)

では編成の中間に組成の先頭車2023・2071・2074には列車無線装置が設置されていない。

また昭和40年12月10日から宝塚線、昭和42年8月27日から神戸線で7連運転が、同年12月21日から京都線で7連運転が開始され、奇数両編成となって余った2000・2100・2021系T車は3000系に編入が開始された。

2021系1編成も7連を組成していた。

2079-2029-2030+2077-2027-2078-2028

昇圧改造の関係か、2030を暫定Tとした3M4T編成で2029と隣接する2030の大阪側パンタグラフを下げて運用。半端となる2080は3000系に編入されていた(昭和44～45年頃に2021系に復帰)。

3068-3511-3018+3069-2080-3512-3019(2080編入)

この時期の編成表は表2の通り。

昭和43年12月16日から神戸線特急・急行の8連運転が開始となる。昭和44年11月30日の梅田駅宝塚線ホーム移設完成で宝塚線池田折り返しと準急の8連運転が開始となる。

■表3　昭和45年3月現在の2021系編成表

神戸線

2071-2021-2072-2022-2073-2023

2074-2024-2075-2025-2076-2026

2087-2037-2088-2038+2089-2039

宝塚線

2077-2027-2078-2028+2079-2029-2080-2030

2081-2031-2082-2040+2090-2032+2083-2033

2084-2034-2085-2041+2091-2035+2086-2036

(3000系に編入されていた2080は復帰)

■2021系の電装解除

2021系は1500V昇圧後も回生ブレーキ・定速度制御を維持していたが、主電動機のフラッシュオーバーなどの問題などが十分解決できなかった。特に神戸線での高速運転で起こった。

昭和45年12月以降の運用で8連運用増加(5000・5200系の連解運用も開始)のため、神戸線2021系の編成を分解し、全ての中間車(M5・T5)を2000・3000系に不足する増結T車とすることになった。2071形T車(2072・2073・2075・2076・2088)は大きな改造はなく3000系に編入(組成位置は本来の3000系T車3550形とは異なりTcと隣接)、2021形M車(2021・2022・2024・2025・2037)は暫定T車という形で(M車への復帰も可能な形)で2000系に編入されている。主電動機・ピニオンギヤ・パンタグラフ・アレスタ・主ヒューズ・補助ヒューズ・MGは取り外し。配線と配管、パンタグラフ取り付け部・駆動装置は取り付けたままとしている。2021形暫定T車のヒーター用高圧電源用として隣接M車からの補助母線を引き通している。また編入編成に合わせて一部車両のブレーキシュー・シリンダを変更。残る先頭車8両で8連1本として宝塚線へ転属させ(2087-2038+2071-2023+2074-2026+2089-2039)、2021系は神戸線から姿を消した(表4)。

この頃は急激な長編成化のためのやりくりに関係者は頭を悩ませたということである。速度の低い宝塚線では7ノッチの定速が80km/h(神戸線4ノッチ相当)で主電動機のフラッシュオーバーはあまり起こらなかったが、磁気増幅器を含めて複雑な制御装置のため、保守管理は大変であった。電力回生ブレーキの機能を停止して力行専用となっていた時期もあったようである。

また神戸線配置車のFS345・45台車には軸ダンパを設けていたが、軸バネをその周囲をゴムでくるんだエリゴばねに交換して軸ダンパを撤去することとなった。

昭和47年1月のダイヤ改正で宝塚線の運転曲線上の最高速度が85km/hとなった。これに伴い2021系の7ノッチの平衡速度調整を従来の80km/hから90km/hとした。

神戸線での2000系は2021系を組み込むなどで8連×6となっていたが、昭和47～48年にかけて京都線に7連となって移籍した。抜かれた2021系暫定T車・2000系T車は2021は5008編成に編入して7連に、2022は3082編成、

■表4　昭和45年12月現在の2021系編成表

宝塚線

2077-2027-2078-2028+2079-2029-2080-2030

2081-2031-2082-2040+2090-2032+2083-2033

2084-2034-2085-2041+2091-2035+2086-2036

2087-2038+2071-2023+2074-2026+2089-2039

2021系編入の2000系編成

2056-2006-2022-2008-2057-2007+2052-2003

2062-2012-2037-2013+2064-2014+2067-2017

2060-2010-2024+2011+2058-2009

2162-2112-2025-2113+2164-2114

2050-2000-2053-2002-2051-2001

2068-2018-2069-2019+2070-2020(編入車なし)

2021系編入の3000系編成

3058-3504-3554-3008+3059-2072-3531-3009

3078-3523-3558-3028+3079-2075-3524-3029

3080-3525-3559-3030+3081-2076-3526-3031

3054-3502-3004+3053-2088-3530-3003

3064-3507-3014+3051-2073-3529-3001

(編入側の3000系も一部改造・3051・3053・3059・3079・3081)

2024は3058編成、2025は3062編成、2037は3052編成、2053は3060編成に編入して8連となった。2021系は中間に組成していた先頭車の一部がATS・列車無線装置・ア

FS345台車(2037)。昭和39/1964-11-24　森井清利

KS-72B台車。写真：朝倉圀臣コレクション

KS-66C台車。写真：林 幸三郎

KS-72A台車。写真：朝倉圀臣コレクション

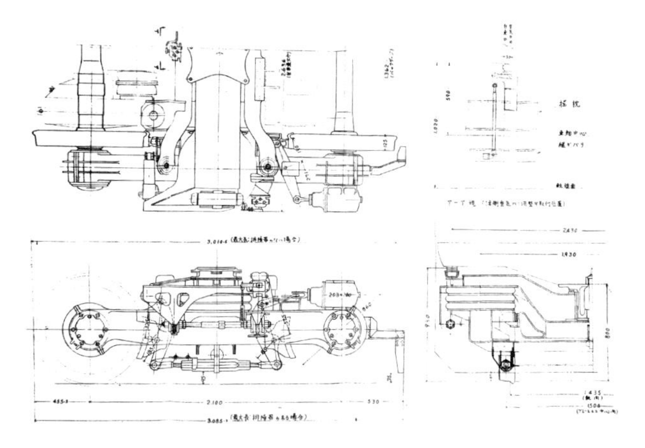

KS-66C台車図。所蔵：国立公文書館

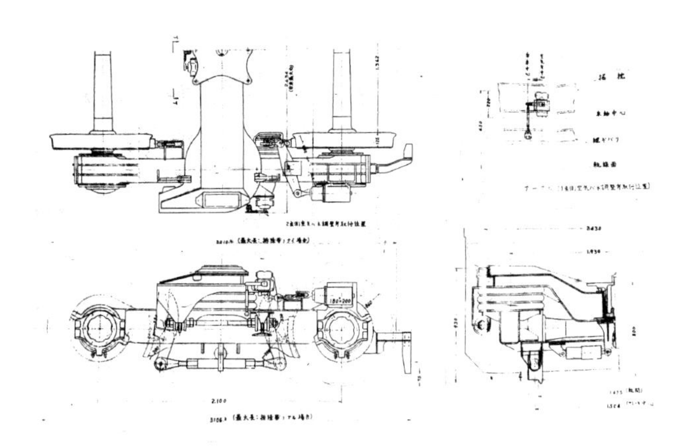

KS-72B台車図。所蔵：国立公文書館

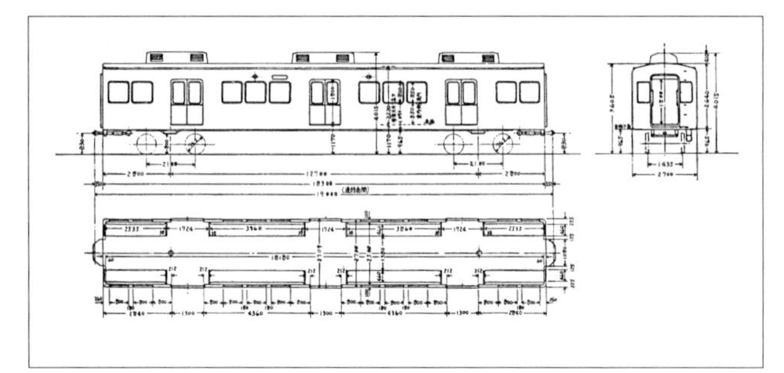
2071形2072(To・冷房改造後)　車両竣功図

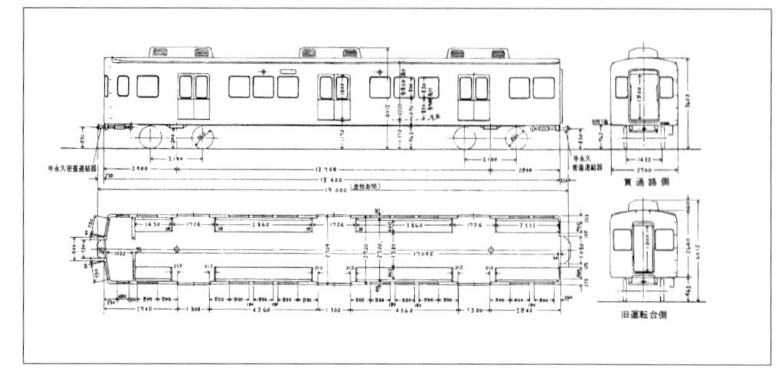
2171形2182(To・冷房改造後)　車両竣功図

イデントラ非設置の車両があり、営業線上では事実上先頭車として使用できなくなっている(昭和49年時点の宝塚線8連4本中2023・2071・2074が非設置)。

■2021系の冷房化・T化

昭和51年現在、2021系は2000・3000系へ編入されたものが10両、2021系編成として運用中が8連4本=32両の計42両であった。

この2021系として運用中の8連4本も故障対策もあり、順次昭和52年に2編成16両が他系列の増結用としてT化改造されることになった。

空気ばね台車付きの車両は神戸線6000系の増備によって連解運用から外れる5000系に編入されることになり、T化されると同時に冷房改造(RPU-3003A・10500kcal/h・3台)・運転室撤去を実施し、旧運転室部の乗務員扉は撤去して480mm幅の固定窓を新設(簡易運転台の設置なし)。ほかにMGとCP撤去・M車トラップドア撤去・ブレーキ保安対策・ヒーター低圧化・非常通報装置改良・連結器強化・外板更新・前後妻面に配電盤新設などを行い、Mの電装解除車は改番を実施、旧番号に150をプラスして2171形となった(撤去された断流器は810・1200系に転用)。なお2021系T車が2両連続する箇所の貫通幌は広幅のままで、それ以外の5000系との連結部はアダプター付きの狭幅である。エコノミカル軸はり式空気ばね台車は2000系製造時の一時期に神戸線で使用されたことがあるが、それ以来となった(表5)。なお連解運用の6000系への置き換えは昭和52年12月14日午後である。

非冷房である2000・3000系に編入のM車はT化・MG撤去などを行った(表6)。

■表5　2021系編入5000系編成表

5000-2184-2085-5040=5030-2083-5500-5050(2034→2184)

5002-2181-2082-5041=5031-2182-5502-5052(2031→2181)

5001-2081-5501-5051+5003-2183-5503-5053(2033→2183)

5004-2084-5504-5054+5005-2185-5505-5055(2035→2185)

5006-2086-5506-5056+5007-2186-5507-5057(2036→2186)

■表6　2021系編入3000系編成表

3052-3501-3551-3002+3057-2029-3518-3007

3056-2080-3503-3006+3055-2153-3517-3005

3058-3504-3554-3008+3069-2027-3512-3019

3072-2078-3515-3022+3073-2061-3516-3023

3000・3100系の冷房化により、以前から編入されていた2000・2100・2021系T車に同様の冷房改造が実施されている。同様にヒーター低圧化・非常通報装置改良・連結器強化・外板更新などが実施されている。

また昭和53年には新たに宝塚線8連増加のため2021系3両を冷房改造の上で3100系に編入(2176・2188・2189)。

3150-3600-3650-3100+3151-3611-2176-3101

3158-3606-3552-3108+3159-3610-2188-3109

3160-3608-3553-3110+3161-3609-2189-3111

この結果、2021系はすべて先頭車で編成された1編成のみが残ることとなった。

2077-2028+2090-2040+2091-2041+2079-2030

昭和54～55年には新たに2021系2両を冷房改造の上で3000系に編入(2071・2074)。さらに2190・2191も編入。

3080-3525-2071-3030+3081-3526-2074-3031

3064-3507-2190-3014+3065-3508-2155-3015

3074-3519-3561-3024+3075-3520-2191-3025

2021系は昭和54年3月にはさらに改造入場のため4連化されて箕面線で運用となったが、これも6月末で入場し、2021系は系列としては消滅して全車他系のT車となった。

2077-2028+2079-2030

この4両に休車の2090を加えた5両は先頭車だが、昭和55年3月の神戸線各停8連化のために、非冷房のまま乗務員室の撤去・改番は行わないまま(運転台側は閉鎖状態)、Toとして2000・3000・3100系に組み込まれた。旧Mcは主電動機・駆動装置・主制御器・パンタグラフなどの機器類を撤去し、先頭側連結器を半永久連結器に交換している。2090と連結する2000は連結部の幌アダプター取り付けなどを実施。

2030(3100)。阪急で冷房改造されないまま、能勢電鉄に譲渡、1585となる。十三　昭和55/1980-3-6　髙間恒雄

2050-2000-2090-2001+2070-2002-2051-2020

3054-2079-3502-3004+3053-2088-3530-3003

3082-3527-3560-3032+3083-2077-3528-3033

3152-3601-3651-3102+3153-2028-3607-3103

3154-3602-3652-3104+3155-2030-3603-3105

なお撤去された機器類の一部は有効活用を図るために他系列に転用されている(パンタグラフ・断流器など)。

昭和56年、2083の下戸閉機を上戸閉機に交換。また2021系の狭幅座席を広幅に交換している。

昭和56年工事入場の3152×8および3300系冷房改造ではスイープファンを設置、表示幕装置を設置することとなった。小天井部もアルミデコラを張り替えたので排気グリルは撤去、また編成中間の自動連結器は自動密着連結器に交換されている。これ以降に3000・3100系編入の2000・2100・2021系T車は同様の改造を受けている。

このまま2021系は他系列増結の状態で全車冷房化されると思われたが、昭和59年5月に発生した六甲での事故で2000系2050が廃車となった。能勢電鉄譲渡予定であった2154を代替車として2代目2050に改造改番し、この2154の穴埋めに非冷房のまま残っていた2030が能勢電鉄に譲渡された(T化され、能勢1585となる)。

■組み込み編成の表示幕改造など

昭和59年9月から5000系の表示幕改造が開始され、天井にスイープファンを設置。編入2021系T車も同様の工事を実施。表示幕の位置は従来の電照式種別表示器の位置のままである。内装のデコラ交換・小天井部もアルミデコラを張り替えたので排気グリルは撤去、外板も更新。またこの前後にエコノミカル軸はり式空気ばね台車を1010・1100系などから発生のFS324・324A台車に交換、のち2800系廃車発生品のFS345・45に交換が進められた。

2000系の3連化で余剰のT4両(2052・2057・2091・2172)は昭和60年5月5200系に編入された。

5230-2172-2091-5240=5231-2057-2052-5241

また5010編成に連結されていた2171は2886に交換され、昭和60年10月に新たに冷房改造された3154編成に挿入されて3154×8となった。このため2171は表示幕化され、ローリーファンを取り付けていて、クーラー取り付けピッチはスイープファン付きの編成他車と異なる。

昭和60年12月中には2100系は廃止された。他系編入車のみ2100系T車が残っていた。また2021系もすべて他系のT車となった機会に呼称を整理、2021系は2071系に変更された。2071系は2171形(2171～2191・2180は欠番)・2071形(2071～2091)となる。

3000・3100系編入の2000・2071系T車の初期の冷房改造車の一部は表示幕改造が開始され、表示幕の位置は従来の電照式種別表示器の位置ではなく移設された。内装のデコラ交換・小天井部もアルミデコラを張り替えたので排気グリルは撤去(3000・3100系は外板更新するが2000・2071系は更新済のため実施せず)。改造途中から車内見付改善のため、貫通路の狭幅化が実施されたが、引戸は設けられず妻窓は従来同様に狭窓である。ただしこの表示幕改造は支線転用もあって全車には至らなかった。

昭和63年からの3100系4連の支線運用のため、昭和62年10月に3070×8の2087(CP付)と3158×8の2188(CP無)、12月に3072×8の2078(CP付)と3160×8の2189(CP無)を交換。昭和62年12月に2058×8の2174と5012×8の2883を交換。昭和63年11月に3080×8の2074(CP付)と3156×8の2173(CP無)を交換。

8000系の登場で2000系も代替が開始されるが、平成2年には2000系の一部が能勢1700系として再出発する。2000系は多数が3連化されていたが、能勢では4連で運用のため他系編入の2071系T車4両も組み合わせて譲渡されて1700系の一員となった(能勢1785～1788)。

平成7年の阪神淡路大震災では阪急の車両群も被災した車両が多数発生、2071系では伊丹駅で高架ごと落下した2087が廃車された。同じ編成の3109も廃車となったが、この編成の復旧のために、休車中の2071系2079を表示幕装置の撤去・CP復活など改造、3000系3022(初代)に廃車3109の機器を転用して二代目3109として復旧。3022(初代)の補充には当初2842に3022の機器を装備してそのままの車番でしばらく運用したが、その後この2842の機器を再転用して、平成8年2月、今度は2071系2171(旧2021)を電動車に復帰、2代目3022となった(2842は廃車)。3154編成挿入時にローリーファンを取り付けていて、編入編成はローリーファンなしだが、3022となってからもローリーファンを使用。この旧2021は昭和46年に暫定T化されて2000系に編入後、5000系・2000系に編入、冷房化・2171に改番後、5000系・3100系のTとして運用されて最後に3000系の電動車化されるという数奇な運命を辿った。

冷房改造後でも2071系は編入系列を変更した車両があり、その都度小改造を実施した。平成15年11月～16年1月にかけて3000・3100系のCP改良に関連し、2076(3081×4)・2079(3159×4)のCPをHB-2000化、2176(3077×4)にHB-2000新設。また8連で冷房化時にT車CPをHB-2000化し、TcのCPを撤去していた3056×8を他編成同様としてT車(2055・2080)のHB-2000をTcに移設している(平成16年8月)。5000系はリニューアル時にそれまで組込みの2071系T車を5100系T車で代替。最後まで3000・3100系など組み込みで残っていた2071系も支線転用などでの廃車が進められ、平成26年迄に姿を消した。なお兵庫県広域防災センターに教材として2086・2186が活用されている。

以上、2021系の複雑な経歴を紐解いてみた。筆者が阪急電車に興味を持った頃、地元宝塚線で2丁パンタグラフ4両・合計8基を上げて走行する2021系はたいへん格好良く見えた。しかし次第に編成が減ってゆき、ついに系列として実質的に消滅してしまった不運な車両であった。2300系のように2丁パンタグラフで冷房化された姿を見てみたかったものである。

写真提供ならびに編集協力(五十音順)
阿部一紀・磯田和人・井上雄次・今井啓輔・内田利次・太田裕二・奥野利夫・久保田正一・澤田節夫・篠原　丞・髙田　寛・髙橋正雄・田中政広・直山明徳・中井良彦・林 幸三郎・松島俊之・森井清利・山口益生・吉里浩一・髙間恒雄(レイルロード)

資料提供
国立公文書館

参考文献
阪急電鉄所蔵資料・阪急鉄道ファンクラブ会報(各号)
2000系回顧　仁志 寛(阪急鉄道同好会会報(62・63号)
続2000系回顧　吉岡照雄(阪急鉄道同好会会報(68 ～ 74号)
ほか阪急鉄道同好会会報(各号)
鉄道雑誌各誌
阪急電車(山口益生・JTBパブリッシング)
「阪急2000Vol.1　Vol.2」(レイルロード)
「阪急2300」(レイルロード)
「阪急3000」(レイルロード)
「阪急5000」(レイルロード)
「能勢1500」(レイルロード)

ご協力いただきました関係各位に厚く御礼申し上げます。
　なお内容はOBの方などにもご協力いただき、正確を期すように努めましたが、万一間違いがありましたら、一鉄道ファンである編集子の浅学によるものであり、お許しいただければ幸いです。

阪急2000　Vol.1　訂正
P45下写真　日本シリーズ　→ブレーブス
P129上右写真　ゴムばね　→ゴムで包んだエリゴバネ

阪急2000　Vol.2　訂正
P96　写真提供の項　山川良文　→山川善文

お詫びして訂正します。

阪急2021　－車両アルバム.46－
レイルロード　編

2024/令和6年9月30日　発行
発行－レイルロード
　〒560-0052　大阪府豊中市春日町4-7-16
　http://www.railroad-books.net/

発売－株式会社　文苑堂
　〒101-0051　東京都千代田区神田神保町1-35
　TEL(03)3291-2143　FAX(03)3291-4114